HACCP

Carlos H Hernández

HACCP

Conceptos y Referencia Rápida

Primera edición en Español, 2017

Serie: Sistemas de Gestión

ISBN-13: 978-1974039906
ISBN-10: 1974039900

Contenido

Introducción.

Muchas veces por curiosidad o por necesidad nos interesa saber que es HACCP, que significa, a que se refiere, como funciona, cuál es su alcance en el mundo de hoy, a qué tipo de organizaciones aplica, que ventajas ofrece, como se implementa. Acá les presento una guia rápida que aclara conceptos y una serie de pasos para poder implementarlo.

HACCP es un acrónimo que es bastante conocido en el ambiente laboral, aunque no todo el mundo sabe lo que realmente significa, en ingles su significado es "Hazard Analysis and Critical Control Point"; traducido al español puede tomar dos formas: ARCPC que significa "Análisis de Riesgos y Control de Puntos Críticos" o APPCC que significa "Análisis de Peligros y Puntos Críticos de Control", el segundo término es el más comúnmente usado.

Por facilidad en este texto utilizaremos el término en ingles HACCP, es un sistema que permite identificar peligros específicos e implementar medidas para su control y atenuación con el fin de garantizar la inocuidad de los alimentos o de los empaques que contienen los alimentos. Es una herramienta para evaluar los peligros y establecer sistemas de control que garanticen la prevención en lugar de basarse en la inspección del producto final.

El sistema HACCP puede aplicarse a lo largo de toda la cadena alimentaria, iniciando en el productor primario hasta el consumidor final, y su aplicación deberá basarse en pruebas científicas de peligros para la salud humana, además de mejorar la inocuidad de los alimentos, la aplicación del sistema HACCP puede ofrecer otras ventajas significativas y promover el comercio internacional al aumentar la confianza en la inocuidad de los alimentos.

Hoy en día, la mayoría de sistemas de gestión son compatibles, integrándose fácilmente entre ellos, según mi experiencia el sistemas básicos en el que se integran todos los sistemas es en el Sistema de Gestión de Calidad basados en la Norma ISO 9000.

Un poco de historia.

El sistema HACCP fue desarrollado en 1971 por H.E. Bauman originalmente por la compañía Pillsbury, la NASA y el laboratorio Natick de la Armada de los Estados Unidos en los años 60, como una respuesta a los requisitos de seguridad de los alimentos impuestos por la NASA, para la elaboración de alimentos libres de cualquier patógeno de origen viral, bacteriano o de cualquier otro tipo para los astronautas en los vuelos espaciales.

Así se inició la gestión operativa de la compañía Pillsbury, quienes en su búsqueda de un sistema más eficiente en la seguridad de sus alimentos, comenzó por modificar este programa, haciéndolo de naturaleza preventiva a fin de convertirlo totalmente efectivo en la NASA, siendo básicamente los cambios que se dieron los siguientes:

➢ Control la materia prima,
➢ Control del proceso
➢ Control del ambiente de producción.

Luego de realizarle revisiones y refinamientos, el Codex alimentario proporcionó una descripción y aplicación de los principios HACCP, siendo reconocido internacionalmente como un sistema efectivo para controlar la seguridad de los alimentos.

Bajo esta perspectiva en el año 1971 el sistema HACCP fue presentado como novedad en la Conferencia Nacional de Protección de los Alimentos de los Estados Unidos, y fue la Food and Drug Administration - FDA, la que adopto dicho concepto y utilizo este sistema como marco general para establecer las regulaciones basadas en HACCP.

Beneficios del Sistema HACCP.

- Seguridad de que los productos que consumimos son inocuos y los procesos de elaboración seguros y efectivos.
- Reducción de reclamos, devoluciones, reprocesos, rechazos y retiros de mercado.
- Es una herramienta de Marketing, porque le da una buena imagen de credibilidad para el establecimiento, explotándolo como una ventaja competitiva que otros no tienen.
- Disminución en los costos y ahorro de recursos.
- Prevención óptima de las enfermedades transmitidas por alimentos (ETA´s).
- Proporciona evidencia de una manipulación segura y eficiente de los alimentos o empaques de alimentos.
- Posicionamiento de la empresa.
- Crece la conciencia del trabajo con Calidad entre los empleados.
- Aumento en el nivel de capacitación del personal.
- Aumento del nivel en que los clientes son satisfechos.
- Elimina barreras al comercio internacional.

Sistema HACCP y sus principios.

HACCP es un sistema que se puede diagramar de la siguiente forma:

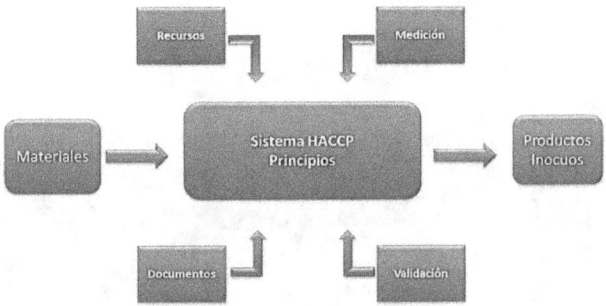

El HACCP es un Sistema que permite identificar peligros específicos y medidas preventivas para su control. Este sistema se basa en los siete principios los cuales podemos decir que son su filosofía o las bases en las cuales se fundamenta.

Principio 1 - Análisis de Peligros y Riesgos.

Primeramente tenemos que tener claro la diferencia entre un Peligro y un Riesgo:
Peligro: Cualquier agente físico, químico o biológico que puede contaminar el alimento. En otras palabras el algo potencial que puede ser fuente de contaminación

Riesgo: Es la probabilidad de que aparezca alguno de los peligros en combinación con la severidad del daño que pueden causar al consumidor en caso que se materialice un incidente o evento.

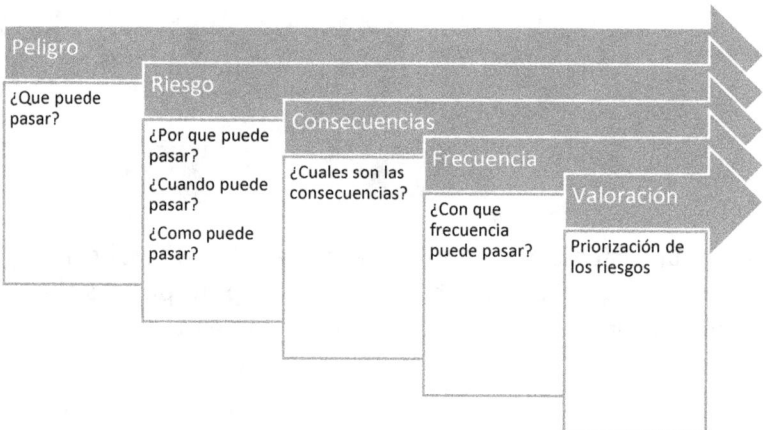

El análisis de peligros y riesgos se inicia desde la recepción de materiales hasta la entrega de los productos terminados al cliente. Para efectuar este análisis hay muchas técnicas, las más usadas son: Lista de comprobación, Análisis histórico de incidentes/accidentes, Análisis de los modos de fallo y efecto.

Algunos de los peligros que encontramos en la industria de alimentos se detallan a continuación:

Agente Físico	Objetos extraños en los alimentos, Condiciones inseguras en transportes (internos y externos) y bodegas (internas y externas), Material de empaque dañado, Condiciones de limpieza no adecuada, Mal sellado de cajas o recipientes.
Agente Químico	Presencia de polvos, Olores extraños, Productos químicos, Materia orgánica, Grasas y Lubricantes.
Agente Biológico	Presencia de plagas, Mal manejo de desechos, Microorganismos por falta de higiene de instalaciones y personal, Aire de proceso no filtrado, Patógenos en el agua, Toxinas generadas por cierto alimentos.
Alérgenos	La presencia de ellos lo convierte en un peligro para grupos de consumidores que no lo toleran.

Principio 2 - PCC.

De acuerdo al Codex un **P**unto **C**rítico de **C**ontrol se define como "Una etapa donde se puede aplicar un control y que sea esencial para evitar o eliminar un peligro a la inocuidad del alimento o para reducirlo a un nivel aceptable".

Debemos tener presente la diferencia entre un **P**unto de **C**ontrol y un **P**unto **C**rítico de **C**ontrol, su principal diferencia es que un PC no necesariamente al estar fuera de control implica un peligro para la seguridad de los alimentos, en cambio si fuese PCC significaría claramente un peligro por ser crítico, pero ambos deben controlarse.

Se deben determinar los puntos críticos de control si los hubiese.

Principio 3 – Límites Críticos.

Por definición un límite crítico es un criterio que diferencia la aceptabilidad o inaceptabilidad del proceso en una determinada fase.

Límites críticos

Un límite crítico representa los límites usados para juzgar si se trata de un producto inocuo o no. Pueden establecerse límites críticos para factores como temperatura, tiempo, dimensiones físicas del producto, actividad de agua, nivel de humedad, colorantes, etc. Esos parámetros, cuando se mantienen dentro de los límites, confirman la inocuidad del alimento.

Límites operacionales

Si el control del proceso y del equipamiento o el monitoreo del límite crítico muestran una tendencia hacia la pérdida de control de un PCC, los operadores pueden evitarla antes de que ocurran desvíos del límite crítico. El valor del parámetro en cuestión se llama "límite operacional".

Los límites operacionales son, en general, más restrictivos y se establecen en un nivel alcanzado antes que el límite crítico sea violado. O sea, deben evitar desvíos de los límites críticos que signifiquen falta de control del peligro.

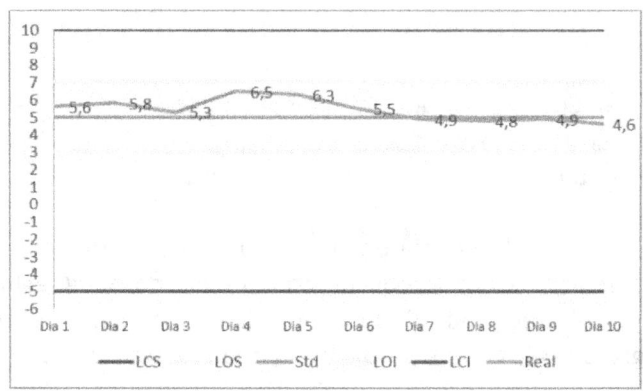

Control estadístico para mostrar el comportamiento de una variable temperatura °C dentro de sus límites operativos y críticos superiores e inferiores.

Principio 4 - Monitoreo.

Las Directrices para Aplicación del Sistema HACCP del Codex definen monitoreo como "el acto de realizar una secuencia planificada de observaciones o medidas de parámetros de control para evaluar si un PCC está bajo control". La secuencia planificada debe, de preferencia, resultar en procedimientos específicos para el monitoreo en cuestión.

Los procedimientos de monitoreo deben detectar la pérdida de control de un PCC, a tiempo de evitar la producción de un alimento inseguro o de interrumpir el proceso. Debe especificarse, de modo completo, cómo, cuándo y por quién será ejecutado el monitoreo. Cada organización decide como llevara a cabo el monitoreo dependiendo de sus recursos y criticidad. El monitoreo en puede hacerse de forma continua, de manera selectiva o por lotes de producción.

Una forma muy reconocida es monitorear los PCC con un plan de control, el cual especifique ¿Qué será monitoreado?, ¿Cómo serán monitoreados los límites críticos?, ¿Cuál será la frecuencia de monitoreo?, ¿Quién hará el monitoreo?, ¿Dónde se registrara el monitoreo? Y cuál será la actuación en caso de un desvío.

Todos los equipos utilizados para el monitoreo deben de calibrarse a intervalos definidos acorde al uso y características del equipo de medición.

Principio 5 - Medidas Correctivas.

Las Directrices para Aplicación del Sistema HACCP del Codex definen acción correctora como "cualquier acción a ser tomada, cuando los resultados del monitoreo del PCC indiquen una pérdida de control".

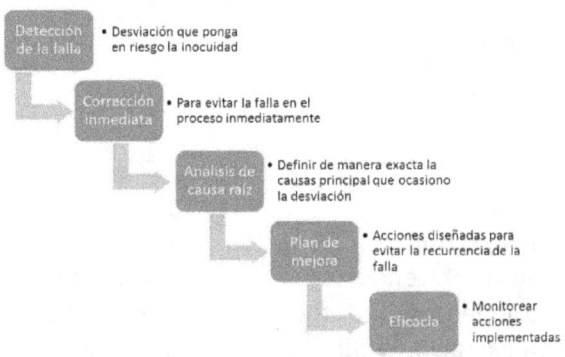

Principio 6 - Comprobación.

Las directrices del Codex definen verificación como "la aplicación de métodos, procedimientos, pruebas y otras evaluaciones, además de monitoreo, para determinar el cumplimiento del plan HACCP".

La verificación debe hacerse periódicamente, cuando haya algún cambio en productos, ingredientes, empaques, procesos, desviaciones, reclamos. Las verificaciones pueden hacerse con personal interno calificado o externo.

Principio 7 - Documentación.

Establecer un sistema de documentación sobre todos los procedimientos y los registros apropiados para estos principios y su aplicación.
La documentación abarca manuales, especificaciones de materiales, leyes y normativas gubernamentales locales y del país hacia donde van dirigidos los productos, listado, recetas, procedimientos, registros; todo documento que tenga relación con el proceso y producto.
La documentación debe estar en el idioma hablado en la organización, asegurarse que los documentos estén al alcance las partes operativas y que sean de fácil recuperación.

Deben mantenerse cuatro tipos de registros como parte del sistema:
- Documentación de apoyo.
- Registros generados.
- Documentación de métodos, procedimientos e instructivos.
- Registros de entrenamiento.

Pasos para Implementar un Sistema HACCP

PASO 1 - Formar el quipo HACCP.

El equipo de trabajo HACCP será el encargado de diseñar e implementar el sistema, este equipo de preferencia debe de ser multidisciplinario y debe tener experiencia previa y conocimientos extensos del producto y del proceso. Es necesario que estas personas reciban capacitación y que lean en su totalidad este texto. La formación o capacitación recomendada debe abarcar las siguientes áreas: Aseguramiento y control de calidad, Tecnología de los alimentos y empaques, Análisis microbiológico (microbiología de los alimentos) y de peligros y análisis físico-químicos, Conocimiento de maquinaria y equipos de proceso.

El equipo HACCP lo esquematizamos en la siguiente tabla:

Nombre Completo	Puesto que desempeña en la organización	Puesto desempeñado en el equipo	Responsabilidades en el equipo
		Líder del equipo	<ul><li>Líder del equipo de HACCP.</li><li>Presidir las reuniones del equipo de HACCP.</li><li>Proporcionar los recursos para la implantación y aplicación del HACCP.</li><li>Promover la continuidad del HACCP.</li><li>Comunicación de cambios de procesos dentro la compañía y con los clientes.</li></ul>
		Responsable de la planta de producción o proceso	<ul><li>Verificar el cumplimiento de los parámetros de procesos.</li><li>Evaluar los requerimientos de materia prima e insumos.</li><li>Informar a la gerencia de operaciones los reportes de producción.</li><li>Verificar que las condiciones de almacenamiento de materiales y productos terminado sean las adecuadas.</li></ul>
		Mantenimiento de instalaciones, maquinaria y equipos	<ul><li>Programar y hacer cumplir el mantenimiento preventivo y correctivo de las instalaciones, maquinarias y equipos.</li></ul>
		Recursos Humanos	<ul><li>Coordinar con la Gerencia de Producción/Jefe de Planta para brindar las capacitaciones y entrenamiento.</li><li>Velar por el cumplimiento del programa de enfermedades contagiosas/infecciosas.</li><li>Documentar el uso de equipo de protección personal según sea la circunstancia.</li></ul>

| | | Aseguramiento y Control de Calidad (Coordinador de Sistema HACCP) | ▪ Responsable del seguimiento y control diario del plan HACCP, a través del monitoreo del proceso.
▪ Reportar los defectos y fallas del producto.
▪ Firmar y revisar los registros del sistema HACCP.
▪ Hacer cumplir los procedimientos de limpieza e higiene.
▪ Seguimiento a los indicadores del inocuidad.
▪ Coordinar la realización de análisis microbiológicos requeridos.
▪ Verificar el cumplimiento del programa de manejo de objetos extraños. |
| | | Inspector de Inocuidad | ▪ Seguimiento al plan de control de calidad.
▪ Verificar que estén actualizadas todas las especificaciones de materiales y producto terminado.
▪ Verificar que los equipos de calidad estén actualizados en su calibración.
▪ Prever y verificar la limpieza de los equipos, maquinaria e instalaciones de la planta. Responsable del Monitoreo del Plan HACCP.
▪ Evaluar el cumplimiento de las Buenas Prácticas de Manufactura.
▪ Monitoreo del control de plagas. |

La responsabilidades que se presenta en la tabla anterior son de carácter genérico. Habrá que ser específico dependiendo la organización.

El equipo debe estar autorizado por la máxima autoridad de la operación o quien sea designado para la aprobación.

PASO 2 - Descripción del Producto.

Deben definirse claramente cuáles son las características producto, realizar una descripción completa, sus ingredientes -sin olvidar nunca los aditivos- e información adicional referida a su seguridad y estabilidad. El producto debe definirse incluyendo, al menos, los siguientes parámetros: composición, proceso de fabricación, presentación y formato, Vida útil, condiciones de almacenamiento y distribución.

Producto:	Nombre comercial como es conocido el producto por los clientes y consumidores.
Descripción:	Descripción detallada del producto.
Composición:	Describir completamente la composición fisicoquímica.
Presentación y formato:	Tamaños en los cuales se vende el producto, así como una descripción del empaque.
Vida Útil:	Tiempo de vida útil, días, semanas o meses.
Condiciones de almacenamiento y distribución:	Como se almacena, condiciones de humedad y temperatura, bajo techo o a la intemperie, se debe mezclar con otros productos, en tarimas, pila de paquetes.

PASO 3 - Uso pretendido.

Se deben definir el uso normal que el cliente o consumidor hace del producto, esto es, si lo consume crudo, cocido, combinado con otros alimentos, descongelado, si es material de empaque como lo aplica.
Tener claro a los tipos de consumidores hacia los que va dirigido. También se requiere un manual básico con indicaciones sobre su modo de preparación, manejo y conservación si fuese necesario.

Uso previsto:	Como se consumirá o utilizará el producto.
Mercado objetivo:	Si es para uso industrial o consumo final. Tipos de consumidores, todo público o hay restricciones. Si lleva algún alérgeno debe de ser declarado según la normativa del país donde se consumirá.
Instrucciones de uso:	Se utilizara frio, caliente o necesita a temperarse antes de uso. Si es para uso industrial especificar el tipo de proceso donde se puede utilizar.

PASO 4 - Diagramas de Flujo.

Los diagramas de flujo deben de hacerse reales, con el apoyo del personal operative, los diagramas de flujo son claves en el análisis de peligros. Los diagramas van desde la recepción de materia prima hasta la entrega del producto al cliente, se debe tener exactamente definido hasta donde llega nuestra responsabilidad.

Para iniciar este proceso, lo primero que se debe hacer es analizar el flujo de los procesos, tener las áreas definidas de almacenamiento de materia prima, almacenamiento de químicos, almacenamiento de insumos y materiales de empaque, áreas de procesamiento y reprocesos, almacén de producto terminado, área de despacho, etc. Para así poder visualizar como se desarrolla el flujo de materiales.

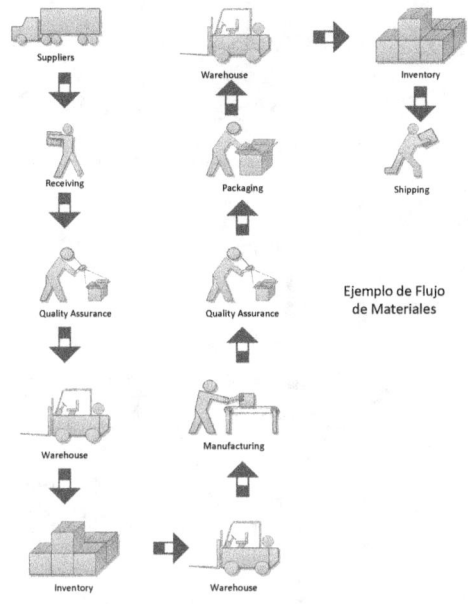

Ejemplo de Flujo
de Materiales

Ahora la siguiente actividad es la elaboración de los diagramas de flujo, se puede utilizar muchas nomenclaturas diferentes pero las siguientes dan muy buen resultado:

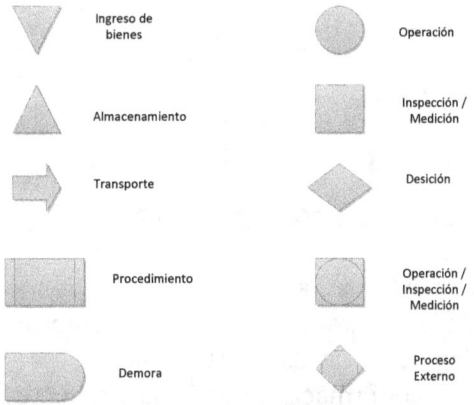

Los diagramas de flujo deben demostrar su interconectividad entre los procesos principales y detallar el propio proceso, veamos el siguiente ejemplo:

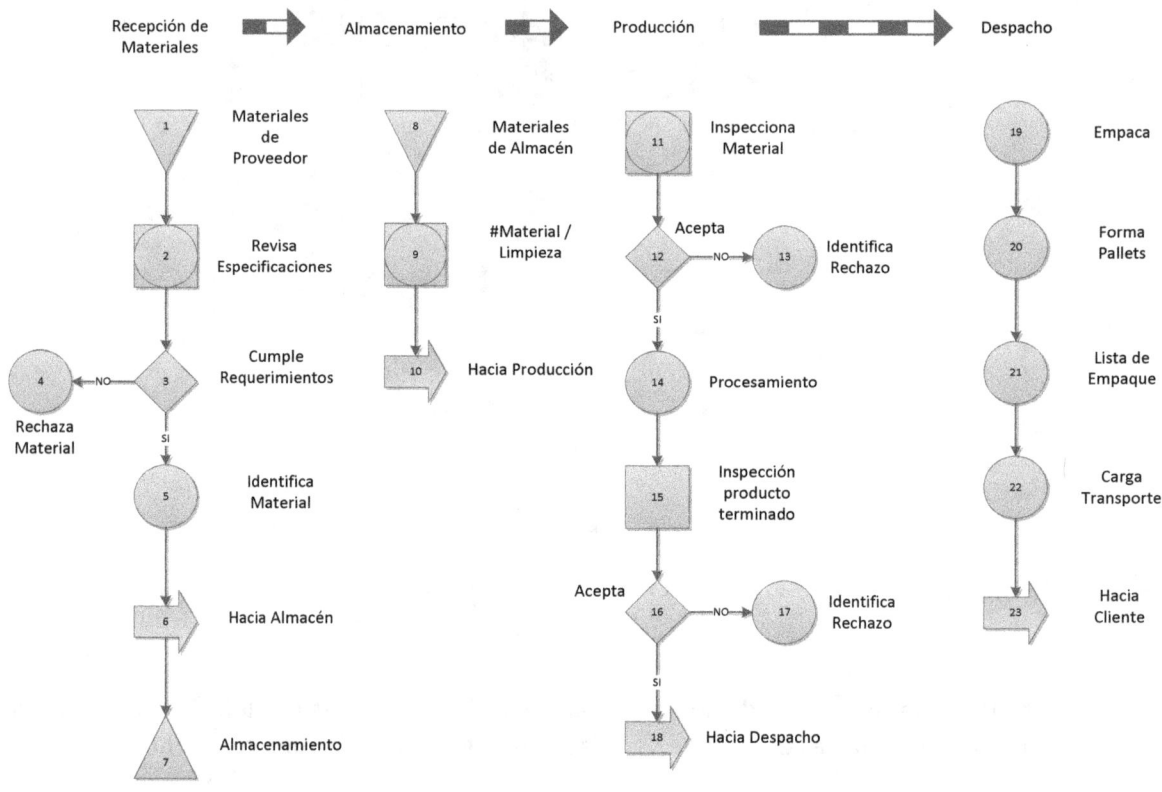

PASO 5 - Confirmación de los diagramas de flujo.

El equipo HACCP deberá visitar la planta para confirmar que todas las operaciones fueron incluidas correctamente en el diagrama de flujo. Se comprobara directamente con los operadores del proceso, ellos deben avalar cada actividad.

Es recomendable realizar la confirmación por cada producto y colocar fecha de cada revisión. Las revisiones son mandatarias al existir al algún cambio dentro del proceso (maquinaria, materiales, temperaturas, tiempo, velocidades, etc.).

PASO 6 - Análisis de Riesgos.

Consiste en identificar los peligros potenciales asociados con cada una de las diferentes fases del proceso de producción, empaque, almacenamiento de materiales, evaluando la probabilidad de que esos peligros ocurran e identificando medidas preventivas necesarias para su control. Los riesgos y peligros del proceso de producción serán evaluados para cada uno de los ingredientes y etapas del proceso a partir de su diagrama de flujo desarrollado.

Se debe hacer un análisis de riegos individual para cada producto en particular.

a) Definir metodología para evaluar la criticidad de cada riesgo.

Análisis cualitativo de la criticidad

Ejemplos para empaque primario de un producto, Estas tablas dependen exclusivamente del producto que se está analizando.

Probabilidad de ocurrencia

Probabilidad	Valor	Explicación
Alta	4	Ocurre frecuentemente, semanal o mensual
Media	3	Ocurre raras veces, menor de un año
Baja	2	Casi nunca ocurre, entre uno a 5 años
Insignificante	1	No ha ocurrido nunca, más de 5 años

Severidad en la salud

Severidad	Valor	Daños a la salud
Alta	4	Una parte del empaque que se desprenda hacia el alimento y pueda provocar un atragantamiento o daño al consumidor.
Media	3	Se observa defecto en la tapa que afecta al producto y/o al consumidor (ejemplo: nivel elevado de un componente que puede afectar organolépticamente a la bebida o uso de producto tóxico no apto para uso alimentario)
Baja	2	Se observa defecto en la tapa que no llega a afectar al producto ni al consumidor (ejemplo: puntos negros y manchas sin posibilidad de llegar al líquido, deformación)
Insignificante	1	No se observan defectos en la tapa que ni afecta al producto ni al consumidor (ejemplo: cajas rotas o mal sellada)

Criticidad del riesgo

Severidad	Probabilidad			
	Alto(4)	Medio(3)	Bajo(2)	Insignificante(1)
Alto(4)	16	12	8	4
Medio(3)	12	9	6	3
Bajo(2)	8	6	4	2
Insignificante(1)	4	3	2	1

b) Identificar todos los riesgos potenciales asociados con cada paso del proceso

Los riesgos potenciales de se analizan siguiendo el diagrama de flujo y los podemos detallar en la siguiente tabla:

No	Actividad	Riesgo	Descripción del Riesgo	Control Operacional	Severidad	Probabilidad	Criticidad del Riesgo	Efecto adverso para la salud	Medida de Control
❶	❷	❸	❹	❺	❻	❼	❽	❾	❿

❶: Número de la actividad correspondiente al diagrama de flujo.

❷: Nombre de la actividad y su descripción.

❸: Evaluar el riesgo desde la óptica Física, Química y Biológica; colocar en la celda su identificación F, Q o B.

❹: Describir el riesgo con el mayor detalle posible.

❺: Procedimiento, instructivos, método de trabajo con se controla o minimiza el riesgo.

c) Evaluar cada riesgo potencial

❻: Asignar el valor de severidad que pueda causar los productos fallado en base a la tabla "Severidad en la salud"

❼: Probabilidad de que el evento ocurra o haya ocurrido en el pasado, tabla "Probabilidad de ocurrencia".

❽: En tabla "Criticidad del riesgo", cruzar el valor de Severidad y Probabilidad para encontrar el valor de criticidad.

d) Determinar las medidas de control de cada riesgo

9: Describir claramente el afecto adverso para la salud del consumidor.
10: Detallar si es necesario implementar una medida de control adicional.

Cada actividad dependiendo de su complejidad puede llegar a tener riesgos Físicos, Químicos y Biológicos al mismo tiempo o solo parte de ellos.

PASO 7 - Determinación de los PCC.

Un PCC es una etapa que se puede controlar y, como resultado previene, elimina o reduce a un nivel aceptable un riesgo que puede afectar la salud del consumidor El PCC debe ser justificable, validado y medible.

Árbol de decisiones para determinación de Puntos críticos de Control

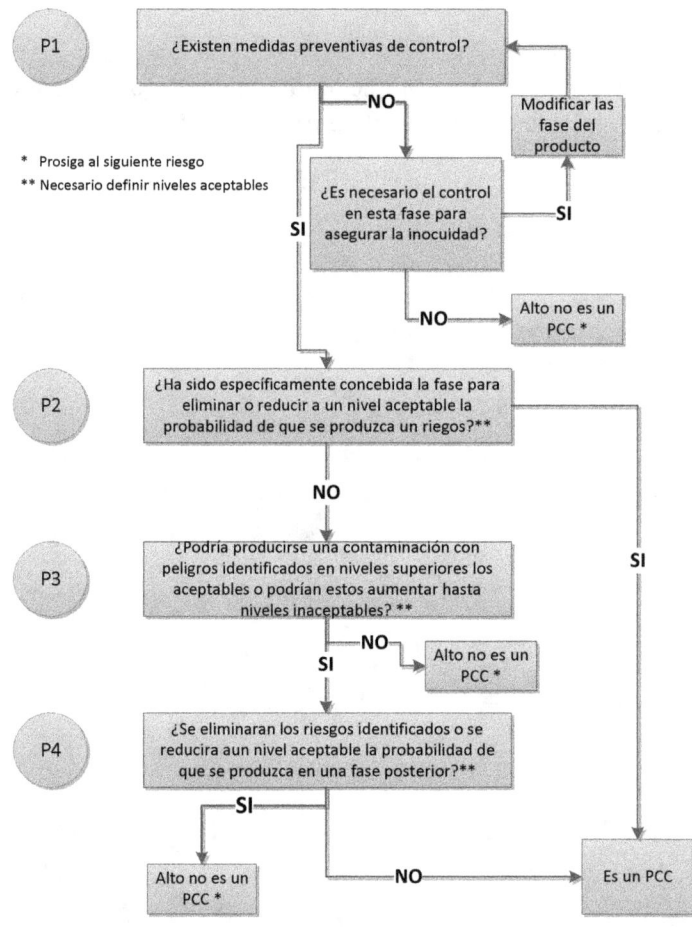

Cada riesgo se evaluá con esta con estas 4 peguntas y definimos los PCC, para eso nos podemos apoyar en la siguiente tabla:

No	Actividad	Preguntas del árbol de decisiones				PCC
		P1	P2	P3	P4	
①	②	③	④	⑤	⑥	⑦

①: Número de la actividad correspondiente al diagrama de flujo.
②: Nombre de la actividad y su descripción.
③: Respuesta S/N de Pregunta 1.
④: Respuesta S/N de Pregunta 2.
⑤: Respuesta S/N de Pregunta 3.
⑥: Respuesta S/N de Pregunta 4.
⑦: Respuesta S/N asegurando si es un PCC.

PASO 8 - Definición de los límites críticos.

Un límite crítico es el valor máximo y/o mínimo de un parámetro biológico, físico o químico que debe ser controlado en el PCC. El objetivo del Límite crítico es asegurar el control del PCC de manera que es posible determinar el momento en que éste se sale de control.

PASO 9 - Monitoreo de cada PCC.

Monitoreo: secuencia planificada de observaciones o mediciones para determinar si un PCC está bajo control y para entregar registros detallados que después se utilizarán para verificación.

Para tener una mejor visualización, los PCC los monitoreamos por medio de un Plan de Control de PCC detallado a continuación:

PCC	Riesgos significativos	Monitoreo				Registros	Verificación
		Que	Como	Frecuencia	Quien		
i	ii	iii	iv	v	vi	vii	viii

 i : Identificación o nombre del PCC
ii : Riesgos asociados por desviación fuera de control, detectados en análisis de riesgos, pueden ser físicos, químicos o biológicos.
iii : Que se monitorea
iv : Como se monitorea
 v : Cuando se monitorea
vi : Que monitorea
vii : Registros que muestran evidencia que el PCC se controla

viii: Verificación efectuado por? Que se haga todo lo establecido para mantener el PCC en control.

PASO 10 - Acciones Correctivas.

Se define como los procedimientos que se deben implementar cuando se produce una desviación.
Si un plan HACCP es diseñado e implementado adecuadamente, todas las desviaciones serán registradas y se tomarán acciones correctivas idóneas, antes de la liberación del producto.

PASO 11 - Verificación y Validación.

Verificación: son aquellas actividades, que no son de monitoreo pero que determinan la validez del plan HACCP, las actividades que no pertenecen al HACCP deben de ser verificadas y siempre controladas por medio del Control Operativo.

Validación: busca recopilar y evaluar información técnica y científica, con el fin de determinar si el plan HACCP, está controlando efectivamente los riesgos. Se debe revisar a una frecuencia estipulada u obligatoriamente si hay cambio en materiales, procesos, equipos, formulaciones, etc.

PASO 12 - Documentación.

Los registros son evidencia escrita a través de la cual se documenta un acto. La documentación de HACCP debe estar incluida como parte de la liberación de producto de la organización y debe ser revisada por el coordinador HACCP. La liberación de producto debe incluir la confirmación de que no ocurrieron desviaciones.

Referencias.

http://www.fao.org/fao-who-codexalimentarius/en/

Sobre el autor.

CARLOS H HERNANDEZ, Ingeniero en Sistemas con experiencia en gerenciamiento de plantas industriales y de empaques primarios plásticos para la industria bebidas, estudios de Post Grado en Administración de Empresas, Prevención de Riesgos y Administración de Proyectos. Amplia experiencia en consultoría e implementación de sistemas de gestión basados en Normas ISO, así como Auditor Líder para las normas ISO 9001, 14001, 22000 y OHSAS 18001 además de docente universitario y capacitador empresarial.